◎锐扬图书/编

环保家居

ENVIRONMENTAL
HOME DESIGN AND
MATERIAL APPLICATI ASES

门厅过道 隔断 厨房卫生间

中国建筑工业出版社

图书在版编目（CIP）数据

门厅过道 隔断 厨房 卫浴/锐扬图书编.—北京：中国建筑工业出版社，2011.8
环保家居设计与材料应用2000例
ISBN 978-7-112-13382-6

Ⅰ.①门… Ⅱ.①锐… Ⅲ.①住宅-室内装修-建筑设计-图集②住宅-室内装修-建筑材料-图集 Ⅳ.①TU767-64②TU56-64

中国版本图书馆CIP数据核字（2011）第141474号

责任编辑：费海玲
责任校对：王誉欣 王雪竹

环保家居设计与材料应用2000例
门厅过道 隔断 厨房 卫生间
锐扬图书/编
*
中国建筑工业出版社出版、发行（北京西郊百万庄）
各地新华书店、建筑书店经销
北京锐扬图书工作室制版
北京画中画印刷有限公司印刷
*
开本：880×1230毫米 1/16 印张：6 字数：180千字
2011年12月第一版 2011年12月第一次印刷
定价：29.00元
ISBN 978-7-112-13382-6
(21130)

环保家居设计与材料应用2000例

Contents

目录

Contents

门厅过道

门厅过道空间的装饰设计

门厅过道的空间是有限的，因此在装修施工之前，一定要选择制定好符合自己风格的设计。门厅的设计有屏风、玻璃隔断、木制家具等式样，过道则是运用光影效果、木质材料、玻璃、饰品等来营造空间。所以在装饰材料的选择上要慎重，既要保证健康的设计新理念，又要保证材料的环保应用，这样才能使门厅过道与整体空间完美融合，体现出绿色健康理念。

实木线条密排　白色抛光砖

米色抛光砖　实木造型混漆

柚木饰面鞋柜

木质装饰立柱　白色抛光砖

樱桃木饰面鞋柜　艺术玻璃隔断

复合木地板　白枫木饰面鞋柜

设计贴士

门厅应该如何设计

门厅地面的装修用料一般采用耐磨、易清洗的材料。墙壁的装饰材料，一般都与客厅墙壁统一，顶部可以做一个小型的吊顶。门厅中的家具包括鞋柜、衣帽柜、镜子、小坐凳等，并且要与整体风格相匹配。门厅处由于没有自然采光，所以应该有足够的照明，以免给人阴暗、沉闷的感觉。门厅装修中常采用的材料主要有木材、夹板贴面、雕塑玻璃、喷砂彩绘玻璃、镶嵌玻璃、玻璃砖、镜屏、不锈钢、花岗石、塑胶饰面材以及壁纸等。由于门厅是进门后给人第一印象的地方，其最大功能是视觉屏蔽作用，因此门厅设计的重点应放在屏蔽隔断的设计上，它是体现门厅乃至整个家庭装修风格与情调的关键所在。

石膏板造型顶棚　白色地砖

石膏板吊顶　实木角线

装饰画　樱桃木饰面鞋柜

装饰画　釉面地砖

松木板拼贴
艺术玻璃

白色乳胶漆
木质线条隔断

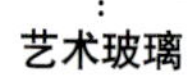

木质格栅
大理石台阶

复合木地板
艺术玻璃

艺术玻璃
马赛克拼花

复合木地板
木质格栅

装饰画

马赛克贴面

大理石地面

木质窗棂造型

白枫木饰面

白色乳胶漆

原木装饰横梁

白枫木饰面

红樱桃木饰面

成品实木雕刻

亚光面地砖　实木造型混漆

白色乳胶漆　装饰画

红樱桃木饰面　白枫木饰面

发光灯槽　柚木饰面板

设计贴士

门厅植物的摆放有哪些要求

门厅是由外入内通往各个不同房间的必经之路，是开门后给人第一印象的重要场所，起着过渡和集散的作用。门厅绿化时，在花卉植物色彩、形体的选择上都要慎重。颜色一般明度高些，色彩亮丽些，这样给人热烈而温暖的感觉。形体上应根据摆放空间大小与植物冠和基础（花盆、底座）匹配，不宜把插花、盆栽、盆花、观叶植物等并陈，既阻塞通路，也容易碰伤植物。一般来说植物的投影面积与整个摆放空间面积的比例 1 ∶ 7，高度应不要超过人体正常视线，在 1.2 ～ 1.65m 之间比较合适（有些植物可以利用盆架高度）。花卉植物色彩、形体的选择也可根据现场设计情况参照上述规律选择。若是门厅比较阔大，可在此配置一些观叶植物，叶部要向高处发展，使之不阻碍视线和出入。摆放小巧玲珑的植物，会给人以一种明朗的感觉，如果利用壁面和门背后的柜面，放置数盆观叶植物，或利用顶棚悬吊抽叶藤（黄金葛）、吊兰、羊齿类植物、鸭跖草等，也是较好的构思。

抛光砖地面　柚木饰面鞋柜

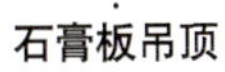

石膏板吊顶　　聚酯玻璃

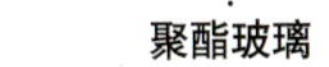

大理石地面　　聚酯玻璃

青砖饰面　　大理石地面

实木地板　　艺术墙贴

木质格栅

艺术吊灯　　白枫木饰面鞋柜

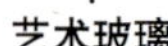

艺术玻璃　大理石地面　装饰壁纸　复合木地板

石膏装饰横梁　成品装饰珠帘　博古架　抛光砖地面

发光灯槽　亚光面地砖

实木线条密排　镜面

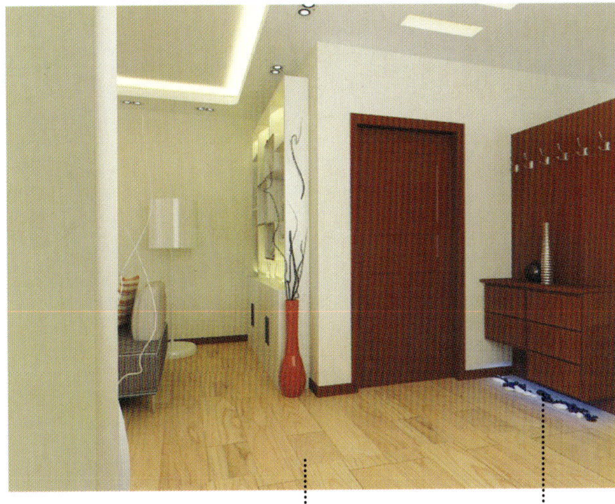

复合木地板　鹅卵石

装饰画　木质角线

白色乳胶漆　实木地板

创意搁板　亚光面地砖

装饰壁纸　鹅卵石

大理石地面　发光灯槽

桦木饰面鞋柜　射灯

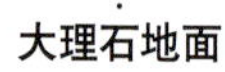

大理石地面　实木造型混漆

桦木饰面　实木角线

软木地板　石膏板吊顶

艺术玻璃　　石膏板吊顶

大理石地面　　柚木饰面

设计贴士

如何合理设计门厅灯光

门厅的灯光也是烘托居室氛围的重要角色。暖色和冷色的灯光在门厅内均可以使用。暖色制造温情，冷色更清爽。可以应用的灯具也有很多：荧光灯、射灯、吸顶灯，壁灯。使用嵌壁型朝天灯与巢型壁灯可让灯光上扬，产生一定的层次感，而且也有从门厅持续延伸而上的感觉。挑选一个造型独特的壁灯，配在空白稍大的墙壁上，既是装饰，又可照明，一举两得。现在还有很多小型地灯，光线可以向上方射，整个门厅都有亮度，又不至于刺眼，而且低矮处还不会形成死角。门厅没有自然采光，应有足够的人工照明，以简洁的模拟日光为宜，可以偏暖，产生家的温馨感。

实木地板　　红檀木饰面　　聚酯玻璃

仿古砖地面　木质窗棂造型

桦木饰面鞋柜　抛光砖地面

米黄大理石　石膏板吊顶

抛光砖地面　白枫木饰面

艺术玻璃　亚光面地砖

装饰画　反光灯带

石膏角线　仿古砖地面

黑晶砂大理石　马赛克贴面

装饰壁纸　彩色乳胶漆

发光灯槽

实木造型混漆　石膏装饰横梁

复合木地板

环保知识

装修完毕后隔多久才宜入住

调查显示，刚装修完毕的房子都含有一定量的有毒气体，这些毒气会直接或间接地进入人体，改变人体组织器官的状态，使其发生病理性改变，从而诱发多种疾病。专家认为，如果在装修过程使用了环保材料，并且全部使用环保材料，通常在通风一个月左右后即可入住。如果没有全部使用环保材料，通风时间就应该加长，一般应通风 3～4 个月，或者更长的时间。在条件允许的情况下，可以请专业机构进行检测、排毒。

复合木地板　艺术玻璃

复合木地板　白色乳胶漆

装饰壁纸　反光灯带

白色乳胶漆　艺术墙贴

红樱桃木饰面　反光灯带

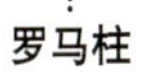

罗马柱　红樱桃木饰面

实木鞋柜　石膏板吊顶

镜面　木质角线

亚光面地砖　实木鞋柜

实木造型混漆　石膏板吊顶

艺术玻璃　抛光砖地面

亚光面地砖　成品装饰珠帘　手绘图案

复合木地板　手绘图案

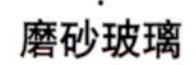

白色乳胶漆　磨砂玻璃

创意搁板　抛光砖地面

木质窗棂造型　木质格栅

博古架　白色乳胶漆

鞋柜　石膏板吊顶

环保知识

室内多通风是最有效的除毒措施吗

专家认为，装修好的房间不可马上入住，要尽量排放有毒物质后再入住。一般来说，排除室内有毒物质的简便方法就是通风散味，但是，光凭通风并不能有效散味，只能散除室内大部分的有害物质。因此，多通风能够排除室内有毒物质，而且简便易行，但并不能彻底排清室内有害物质。

实木地板　直纹斑马木饰面

抛光砖地面　实木造型混漆

复合木地板　聚酯玻璃

装饰壁纸　红樱桃木饰面

石膏装饰横梁 复合木地板

复合木地板 反光灯带

抛光砖地面 装饰画

实木造型混漆 彩色乳胶漆

实木鞋柜 镜面

实木鞋柜 实木角线

实木装饰立柱

鞋柜 白色乳胶漆

大理石地面　磨砂玻璃

成品装饰珠帘　实木地板

镜面　装饰壁纸

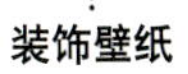

大理石地面　青砖饰面

实木造型混漆　木质隔板

木质搁板　木质角线

环保知识

家装污染严重吗

家庭装修肯定要与各种板材、油漆、涂料、瓷砖、石材等打交道，如果使用了没有达标的建材，这些材料所含的醛、苯、氨及放射性元素、放射线等有害物质就会污染环境，继而损害人体健康。因此，防治家装污染刻不容缓。

装修污染来源多、危害大，目前还没有很好的治理措施，更无法利用一种措施彻底清除污染。一般来说，有几种家装污染物是不可能治理好的：①放射性污染，主要来自混凝土、瓷砖、大理石等，如果装修后的室内放射性超标，只能全部拆除后重新装修；②有机化合物（VOC）超标，包括上千种致癌物质，是造成人体患病的主要原因。由此可知，装修污染主要来自装修用的各种材料，所以，装修污染不能单纯依靠治理，最好的方法是在装修前及装修中对症采取各种预防措施。

发光灯带　艺术玻璃

石膏板隔断　艺术墙贴

仿古砖地面　白枫木饰面鞋柜

亚光面地砖　发光灯槽

木质窗棂造型 亚光面地砖

大理石地面 胡桃木

大理石地面

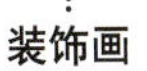

装饰画

镜面 大理石地面

钢化玻璃 装饰画

抛光砖地面 石膏板吊顶

实木造型混漆　反光灯带

装饰壁纸　艺术玻璃

实木线条密排　实木角线

实木造型混漆　装饰画

装饰画

石膏装饰横梁　亚光面地砖

木质搁板　茶色玻璃

彩色乳胶漆　石膏板背景

成品实木雕刻　实木地板

白色乳胶漆

装饰壁纸　反光灯带

反光灯带　大理石角线

复合木地板　反光灯带

抛光砖地面　石膏板吊顶

胡桃木　白色乳胶漆

实木窗棂造型　白色乳胶漆

石膏板背景　装饰画

装饰画　反光灯带

胡桃木垭口

木质搁板

大理石地面

白色乳胶漆　仿古砖地面

实木地板　木质窗棂造型

抛光砖地面　实木线条造型

木质窗棂造型

石膏板拓缝　木质角线

木质角线　亚光面地砖

大理石地面

木质窗棂造型　青砖饰面

文化砖饰面　装饰壁纸

装饰壁纸　石膏板背景

装饰画　红砖饰面

磨砂玻璃　石膏板吊顶

石膏板吊顶　实木陈列柜

实木造型混漆　装饰壁纸

复合木地板　装饰画

反光灯带　艺术玻璃

明清式隔断　胡桃木装饰横梁

青砖饰面　木质窗棂造型　艺术玻璃

发光灯槽　茶色玻璃

装饰壁纸　艺术墙贴

石膏板吊顶　装饰壁纸

装饰壁纸　大理石地面

实木地板　艺术玻璃

反光灯带　装饰画

亚光面地砖　反光灯带

成品装饰珠帘　反光灯带

石膏装饰横梁

木质角线　反光灯带

环保知识

怎样防止室内污染物超标

1. 从源头上控制建筑、装修与家具造成的室内环境污染。

2. 在装修的过程中要特别注意儿童房的装修，注意室内环境污染不仅是由装修材料使用不当引起的，还与设计不合理、工艺不合理、选择了劣质材料等有关。

3. 及时进行室内环境污染的净化治理与检测。注意，在进行室内环境污染检测治理的时候，一定要请正规的检测单位进行检测。

4. 科学使用各种室内环境污染净化治理的方法，进行室内环境污染的综合治理。不能片面地采用和相信一种方法，更不能采用不科学的方法。

实木造型混漆　石膏板吊顶

艺术墙贴　木质角线

复合木地板　木质窗棂造型

亚光面地砖　马赛克贴面

洞石　成品装饰珠帘

博古架　装饰画

磨砂玻璃　装饰壁纸

装饰画　实木角线

石膏装饰横梁　木质角线

石膏板吊顶　浅咖啡网纹大理石

装饰壁纸　实木角线

艺术墙贴　复合木地板

亚光面地砖　文化砖拼贴

环保知识

装修污染的防范上存在哪些问题

1. 防范意识不够。很多消费者在购房、装修时没有向商家提出对室内污染的限制，在选购材料时仅一成市民会向商家索取检测报告（如材料放射性、有毒气体释放量）。

2. 对室内污染存在许多误区，如认为通风就可解决室内污染问题，殊不知甲醛可释放十多年，放射性和氡气可以说是相伴终生的。

3. 对国家室内污染相关法规知之甚少，难以用法律武器维护自己权利。

4. 轻信商家和装修公司的绿色、环保宣传，真伪难辨。警惕居室"随形杀手"作祟。

乔迁新居者经常会发觉，装修过的房间总飘荡着刺鼻气味。待的时间稍长，就会出现头昏、刺眼、喉痛、胸闷等不良反应，甚至产生皮疹、发烧、呼吸道感染等症状，其实这多半是甲醛惹的祸。

亚光面地砖　反光灯带

装饰壁纸　成品石膏雕刻

装饰壁纸

大理石台面　白色乳胶漆

装饰壁纸

石膏板背景　装饰壁纸

艺术玻璃　木质角线

装饰壁纸　白色乳胶漆

创意搁板　发光灯槽

石膏板吊顶　石膏板背景

镜面吊顶

亚光面地砖

手绘图案

装饰画 木质角线

大理石地面

装饰壁纸 大理石地面

文化砖贴面

水族箱 彩色乳胶漆

隔　断

隔断与整体空间的协调

隔断是空间中的一个注重细节的部分，起着举足轻重的作用。它的造型设计、形象塑造、颜色搭配等都要注意整体风格的协调和视觉的影响，装饰材料的选择和应用也尤为重要。施工的过程中，更要注意绿色环保材料的使用和环境污染问题，这样才能使隔断在空间起到点睛作用的同时不带来更多的污染。使用隔断能区分不同性质的空间，并实现空间之间的相互交流。

白色抛光砖

钢化玻璃

磨砂玻璃

实木造型混漆

仿古地砖

玻璃砖

彩色乳胶漆

木质装饰立柱

隔断设计应该注意什么

隔断是装修中不可小觑的环节，一个好的隔断设计可以使装修锦上添花。在装修中隔断是限定空间，同时又不完全割裂空间的手段，如客厅和餐厅之间的博古架等，使用隔断能区分不同用途的空间，并实现空间之间的相互搭配。隔断非常普遍，只要设计好，技术和艺术结合就会很巧妙。家居的装修设计应该注重空间的塑造，设计隔断应注意两个方面的问题：

1. 精心挑选和加工材料，从而实现美妙颜色的搭配和良好形象塑造。隔断不是一种功能性构件，所以放在首位的是材料的装饰效果。

2. 颜色的搭配。隔断是整个居室的一部分，颜色应该和居室的基础部分协调一致。

3. 形象的塑造。隔断不承重，所以造型的自由度很大，设计应注意高矮、长短和虚实等的变化统一。

掌握了以上基本原则，我们就可以根据自己的爱好来设计居室中的隔断。一般来说，居室的整体风格确定后，隔断也应相应地采用这种风格。然而，有时采用相异的风格，也能取得不俗的效果。

实木立柱隔断

木质格栅

装饰壁纸

成品装饰珠帘

实木造型刷金

大理石地面

实木地板　冰裂纹玻璃

实木造型混漆　冰裂纹玻璃

彩色乳胶漆　木质搁板

木质装饰立柱　白色地砖

仿古地砖　实木造型混漆

博古架　成品布艺窗帘

创意隔断　烤漆玻璃

艺术地砖　艺术玻璃

水晶吊灯　艺术玻璃

反光灯带　金属线条隔断

材料贴士

隔断常用材料有哪些

可用于隔断的材料很多，石膏板、木材、玻璃、玻璃砖、铝塑板、铁艺、钢板、石材等都是经常使用的材料。由于隔断的功能与装饰的需要，通常并不是只用一种材料，而常常是两种或多种材料结合使用，以达到理想效果。

石膏板由于重量轻，容易加工，而且价格低廉而成为制作隔断最常用的材料。

木材结实耐用、外观较好而且极易与其他材料配合，所以用木材和玻璃、石材、铁艺等材料搭配在一起制作的隔断极为普遍。

玻璃品种繁多，有普通玻璃、磨砂玻璃、彩绘玻璃、夹层玻璃、镶金玻璃等，都具有良好的通透性与装饰性，且价格适中，在隔断中的运用也很普遍。玻璃砖是做隔断的理想材料，但由于它价格昂贵，实际运用相对较少。

铝塑板有金属的感觉，比较适合现代年轻人的品位，现在用作隔断的也不少。

铁艺隔断前两年较风行，但它不易清洗，式样、颜色都较受局限，因而现在喜欢铁艺隔断的不多。

抛光砖地面　实木造型混漆

大理石地面　实木线条隔断

聚酯玻璃　复合木地板

抛光砖地面　实木造型混漆

复合木地板　艺术玻璃

实木造型混漆

实木造型混漆 发光灯槽

实木地板 实木造型混漆

成品装饰珠帘

博古架 装饰画

艺术玻璃 成品装饰珠帘

中空玻璃

艺术玻璃 白色乳胶漆

木质窗棂造型隔断

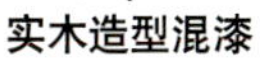

实木造型混漆　反光灯带　石膏板吊顶　实木线条隔断

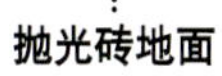

实木造型混漆　创意搁板　抛光砖地面　实木造型混漆

钢化玻璃立柱　白色乳胶漆　石膏板造型隔断　磨砂玻璃

装饰画　木质线条隔断　装饰画

材料贴士

选用隔断材料时应注意什么

1. 用于大房间的玻璃隔断应充分考虑安全因素，需要使用钢化夹层玻璃。由于夹层PVB中间膜具有高粘结性，即使遇到猛烈撞击，其碎片也不会散落使人受伤。在小面积的房间，如卫生间的淋浴房或隔断墙等空间，不易产生大的冲撞，则可以选择强度较高的钢化玻璃。

2. 石膏板质轻阻燃，无论从实用性和装饰性以及绿色环保方面看，都是隔断材料的理想选择。在一定的空间中分隔出一间独立的小书房、工作间、小卧室等，石膏板的隔断最能胜任。

3. 塑钢隔断密封性好，并具有一定的防水性能，整体装饰效果好，但它不宜和室内其他材料进行搭配，是作为阳台和客厅隔断的首选材料。

4. 木隔断是最常使用的一种，在家庭装饰中所占比重较大，因为它可以和家中的木质家具融为一体，达到装饰与实用并重的效果。但是由于目前胶合板质量参差不齐，所以在选用木质隔断时应谨慎，最好使用质量可靠、检测合格的知名品牌。

实木造型混漆

装饰壁纸　实木造型混漆

实木造型混漆　大理石地面

装饰画　艺术玻璃

实木造型混漆　亚光面地砖

艺术玻璃

木质窗棂造型　明清式屏风

反光灯带　成品装饰珠帘

实木地板　金属线条隔断

实木造型混漆　反光灯带

实木造型混漆

磨砂玻璃 抛光砖地面

实木造型混漆

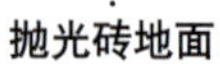

胡桃木 装饰画

胡桃木 反光灯带

创意搁板 复合木地板

实木造型混漆

创意搁板 发光灯带

白色乳胶漆 木质格栅

实木线条隔断

实木造型混漆

反光灯带 实木线条隔断

艺术玻璃隔断 实木地板

实木造型混漆 艺术墙贴

创意搁板 复合木地板

实木线条隔断

创意搁板 装饰画

设计贴士

巧用灯光设计隔断

灯光隔断，就是以灯光为隔断，是依靠照明器具，或者用不同的照度、不同的光源，来分割空间的设计。在各个区域确立鲜明的光效果，让各个区域出现不同的光气氛。具体的做法，就是合理地布置灯。通常一个客厅所需要的灯具有顶灯、壁灯、台灯、落地灯、射灯几种。要以灯光为隔断，就需要不同区域的灯具在各自有所变化的基础上保持整体的一致。各个区域的灯光在实现风格统一的前提下，在外观上有所区别，在光效上，不同区域的灯，照度应有所区别。此时，这个空间好比一个舞台，灯光就好比舞台上的“追光灯”，主人的活动集中在哪里，哪里的灯光就会亮起来，这种不同区域出现的明暗变化，自然让空间出现了隔断。

实木造型隔断　装饰壁纸

钢化玻璃　艺术墙贴

抛光砖地面　实木造型隔断

实木造型混漆　仿古砖地面

反光灯带　磨砂玻璃

实木线条隔断

木质窗棂造型　布艺卷帘

装饰画　实木造型混漆

装饰画

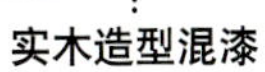

实木造型混漆

亚光面地砖　实木造型混漆

成品装饰珠帘　纯毛地毯

柚木饰面板　实木造型混漆　钢化玻璃

实木造型混漆　实木造型混漆

红樱桃木饰面　反光灯带　纯毛地毯

创意搁板　　反光灯带

木质窗棂造型　　成品装饰珠帘

设计贴士

如何合理划分居室空间

在室内装饰设计时合理利用空间，不仅方便人们的生活起居，还可给人以视觉上的享受，即居室空间的合理分布和居室空间的扩展补充。室内空间的分布按生活习惯一般分为休息区、活动区、生活区三大部分。休息区是睡眠和休息的区域，应相对安静隐蔽、空气畅通；活动区包括学习、工作、待客、娱乐的区域，要求满足不同功能需求，整洁美观；生活区是就餐、清洗等区域，房间要求通风、安全、清洁。整体格局要紧凑、虚实相宜，各区之间要融洽和谐，室内家具的造型既要实用又能起装饰作用。居室装饰设计得好，空间利用会很充分，又不显得拥挤。客厅、卧室、厨房、卫生间的装饰设计必须符合其特有的使用功能，进行与之相适应的设计。比如，厨房的装饰设计，在没有贮藏室的情况下，空间利用得好，可以做到一切杂物均在柜内，给人干净、整洁的感觉。

石膏板吊顶　　聚酯玻璃

博古架　　木质窗棂造型

艺术玻璃　　装饰画

实木造型混漆　　石膏板吊顶

实木造型混漆 反光灯带

大理石地面 艺术玻璃

装饰画 镜面

钢化玻璃 装饰画

聚酯玻璃

实木造型混漆 实木线条密排

实木造型混漆　　艺术墙贴

实木造型混漆　　柚木饰面板

红樱桃木饰面隔断　　手工绣制地毯

石膏板镂空造型　　实木造型混漆

实木造型混漆　　实木地板

复合木地板　　艺术玻璃

实木立柱混漆　　反光灯带

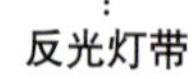

胡桃木　　成品装饰珠帘

发光灯带　　实木造型混漆

艺术玻璃　　木质窗棂造型

实木造型混漆　　反光灯带

艺术玻璃

彩色乳胶漆　　实木造型混漆

木质格栅

金属线条隔断　　创意搁板

实木造型隔断　　装饰画

实木造型混漆　　胡桃木饰面

设计贴士

警惕“小饰物”带来“大伤害”

随着人们对自身健康的重视，家居辐射问题成了人们选择装修材料时的首要考虑因素，但很多人却忽略了一些小工艺品所带来的危害。一般来说，诸如石雕、玉制品等工艺品大多取材于天然环境中，工匠们为了让工艺品受顾客欢迎，一般会选取色彩斑斓、品种奇异的材料。如果这些材料中含有放射性元素的话，无疑等于摆一个放射源在自己的周围。时间一长，身体便会出现接受辐射后的各种生理反应。所以，消费者在正确对待建材的放射性问题之余，也不要忽视身边各种大大小小的“放射源”。不要因一时疏忽而让可爱的艺术品成为家居的“健康杀手”。如果消费者对家中某些天然材料工艺品存在怀疑的话，最好请专门人员进行检测。

仿古砖地面　实木造型混漆

实木造型混漆　亚光面地砖

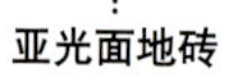

创意搁板

成品装饰珠帘　复合木地板

石膏板造型　烤漆玻璃

木质格栅　磨砂玻璃

实木中式造型　实木地板

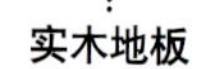

博古架　装饰壁纸

厨　房

打造健康环保的厨房空间

厨房装修要想获得健康舒适的环境，其设计与布置首先要符合人体工程学原理，材料与家具也要选择绿色环保型产品。厨房是住宅中重要的不可忽视的重要组成部分，装修设计质量与风格，直接影响到住宅室内设计风格、格局、实用性以及整体装修效果与质量等。厨房是住宅中功能比较复杂的部分，它的形状、设备布置及灯光效果等每个细节都很重要。它是人们家事活动较为集中的场所，一定要以功能为主，兼顾其他方面进行合理设计。一个健康、环保的厨房来源于一点一滴，在装修过程中不可忽视任何细节。

墙砖　　柚木饰面板　　木质搁板

艺术玻璃　　铝扣板吊顶

石膏板吊顶　　墙砖

铝扣板吊顶　　铝制百叶帘

防滑地砖　　艺术墙砖腰线

墙砖　　防滑地砖

中空玻璃　　马赛克贴面

防滑地砖　　中空玻璃

实木橱柜　　墙砖

设计贴士

厨房设计安全第一

1. 柜体设计要因人而异

吊柜的高度以及吊架的挂设高度，甚至厨房中悬挂物的尺寸都要好好计算一下，根据家人的身高来设计，同时吊柜的宽度应设计得比工作台窄，避免磕碰。抽油烟机的高度一定要以使用者身高为基准，最好比头部略高一点，否则磕碰不可避免，一般来说抽油烟机与灶台的距离不宜超过 70cm。灶台最好设计在台面的中央，保证灶台旁边预留有工作台面，以便炒菜时可以安全及时地放置从炉上取下的锅或汤煲，避免烫伤。厨房的台面、橱柜的边角或是把手，最好用圆弧修饰，有效减少碰伤的可能。

2. 电器设计有条不紊

在处理内置式家电时，应预留边位，以便电器出现故障时修理易于移动。冰箱位置不宜靠近灶台，因为后者经常产生热量而且又是污染源，影响冰箱内的温度。同时冰箱也不宜太接近洗菜池，避免因溅出来的水导致冰箱漏电。装修初始就要有计划地在厨房的各个角落多设电源插座，以减少电线横陈的危险性。不可在洗涤盆、电炉或其他炉具旁铺设电线，同时厨房电器均需安装漏电保护装置。

3. 挑选材料防水防火

厨房是个潮湿易积水的场所，所有表面装饰用材都应选择防水耐水性能优良的材料。地面、操作台面的材料应不漏水、不渗水。墙面、顶棚材料应耐水、可擦洗。橱柜内部设计的用料必须易于清理，最好选用不易污染，容易清洗，防湿、防热而又耐用的材料，像瓷砖、防水涂料、PVC 板、防火板、人造大理石等都是厨房中运用得最多的材料。

大理石台面　　墙砖

装饰壁纸
人造大理石台面

实木橱柜
防滑地砖

布艺卷帘
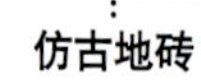
仿古地砖

实木橱柜
墙砖

三聚氰胺饰面
墙砖
中空玻璃

防滑地砖　墙砖

厨房要有合理的换气排气设计

通风是厨房设计的起码的要求，是保证户内卫生的重要条件，也是保证人身健康、安全的必要措施。排气扇、排气罩、排油烟机都是必要的设备。排油烟机一般安装在燃气灶上方 70cm 左右，选择排油烟机的造型，色彩应与橱柜的造型色彩统一考虑，以免造成不和谐。

布艺卷帘　大理石地面

仿古砖地面　装饰壁纸

大理石台面　实木地板

墙砖　装饰壁纸

墙砖　胡桃木饰面板

铝扣板吊顶　　大理石台面

烤漆橱柜　　木质搁板

设计贴士

厨房照明如何设计更健康

厨房灯具的设置布局，不仅与人们的视力健康、活动安全和工作效率有直接关系，而且还会影响环境气氛和人的情绪。所以，厨房灯具的选择，必须满足人们的心理需要，要有足够的照度使操作者有舒适感，同时，光线的对比度要适中。使用者要依据空间面积和具体环境进行构思设计。厨房人工照明的照度应在200lx左右，除了安装散射光的吸顶灯或吊灯外，还应按照厨房家具和灶台的安排布局，选择局部照明用的壁灯和照顾工作面照明的高低可调的吊灯，并安装有工作灯的排油烟机，有条件的，贮物柜可安装柜内照明灯，使厨房内操作所涉及的工作面、备餐台、洗涤台、角落等都能有足够的光线。此外，从清洁卫生的安全用电的角度来安排厨房灯具是十分必要的。安装灯具应尽可能远离灶台，以免油烟水汽直接熏染灯具。灯具造型应尽可能简洁，便于经常擦拭。灯具底座要选用瓷质的并使用安全插座。开关要购买内部是铜质的，且密封性能要好，要具有防潮、防锈效果。

仿古砖地面　　红松木吊顶

人造大理石台面　　三聚氰胺饰面板

墙砖　　大理石台面

防火板饰面　　大理石台面

材料贴士

厨房选材应注意什么

1. 忌材料易燃烧。厨房中的“火”是必不可少的，所以厨房选材首先要用耐火的材料，以防不测。材料的阻燃性很重要，很多火灾隐患就缘于材料。

2. 忌材料不耐水。厨房是个潮湿易积水的场所，很多材料会由于潮湿导致霉变和变形。地面、灶台、顶面等地方尤其要注意。

3. 餐具不宜裸露在外。锅碗瓢盆等比较容易进灰尘及油污，时间长了不易清洗。

4. 地面不宜用小块瓷砖或马赛克来铺装。缝隙较多会藏污纳垢，不易清洁和打扫。另外，砖片脱落也不易补贴。

5. 厨房、橱柜不要留有“夹缝”和“死角”。既不便于清洁打扫，又会为蟑螂等寄生虫所热衷。蒸汽和油烟会沿“夹缝、死角”到处蔓延，室内气味和异味不便清除。

铝扣板吊顶　艺术玻璃

墙砖　防滑地砖

墙砖　大理石台面

艺术玻璃　防滑地砖

材料贴士

厨房地面应该选用什么材料

现在人们在装修中对材料要求非常考究，有些人为了达到室内地材的统一，在厨房也使用了花岗石、大理石等天然石材。专家指出，虽然这些石材坚固耐用，华丽美观，但是天然石材不防水，长时间有水点溅落在地上会加深石材的颜色，变成"花脸"。如果大面积打湿后会比较滑，容易跌倒。因此，潮湿的厨房地面建议最好少用或不用天然石材。另外，实木地板、强化地板虽然工艺一直在改进，但最致命的弱点还是怕水和遇潮变形。目前在厨房里用得比较多的材料仍是瓷砖。由于厨房是"亲水"场所，选择地面材料，首先表面要防滑，目前市场上销售的厨房地砖普遍都具有防滑功能，表面遇水反而发涩；再就是接口要小，易于清洗，并根据厨房面积选择规格适中的地砖。

装饰画　镜面吊顶

松木板吊顶　墙砖

烤漆橱柜　铝扣板吊顶

中空玻璃　釉面砖饰面

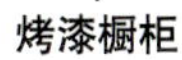

艺术墙砖腰线　实木橱柜

三聚氰胺板饰面　大理石台面

磨砂玻璃　马赛克贴面

木质窗棂造型　大理石拼花

烤漆玻璃　防滑地砖

优质的橱柜具有什么特点

优质橱柜的柜门厚度一般为18mm，门板封边平直光滑，接头精细，无锯齿印，饰面颜色鲜艳纯正、纹理清晰、质感好，涂层饱满，有立体感，饰面无划痕，凹槽造型棱角线条分明。边角处、转接处圆滑，采用环保材料制成的柜门气味极轻或无气味，如有刺鼻气味则存在污染超标问题。

烤漆板橱柜　聚酯玻璃

大理石台面　木质装饰横梁

铝扣板吊顶

釉面砖贴面

实木橱柜

大理石台面　墙砖

三聚氰胺板饰面　防火板

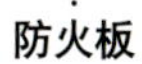

三聚氰胺板饰面　墙砖

防滑地砖　大理石台面

三聚氰胺板饰面　中空玻璃

磨砂玻璃　防腐地板

铝制卷帘　大理石台面

三聚氰胺板饰面　大理石台面

环保知识

橱柜的环保标准是什么

整体橱柜基本都是用人造板材制作而成的，含有甲醛成分的制品是制造胶粘剂的主要原材料。由于技术原因，一部分游离甲醛会残留在所制作的人造板材中，因为人造板材含有甲醛，所以整体橱柜中自然也会含有甲醛，只不过含量有高低之别而已。

在厨房中对于环保用得较多的有3个指标：其一是中国环保新标准：甲醛含量不大于9mg/100g；其二是E1级环保：甲醛含量不大于8mg/100g；其三是E0级环保标准，比E1级还高。因此，选购橱柜时，要检测橱柜的甲醛含量是否符合相关标准，以避免甲醛危害。

大理石台面　　艺术墙砖腰线

防滑地砖　　马赛克贴面

镜面树脂饰面

铝扣板吊顶　　墙砖

烤漆橱柜　　艺术墙砖

墙砖　　马赛克贴面

墙砖　　大理石台面

水晶吊灯　　装饰画

三聚氰胺板饰面　　马赛克贴面

亚光面地砖　　文化砖贴面

亚光面地砖　　反光灯带

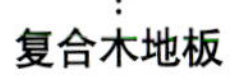

复合木地板　　艺术墙砖

三聚氰胺板饰面　　墙砖

大理石台面　铝制卷帘

原木吊顶　复合木地板

釉面砖饰面

实木橱柜　亚光面地砖

材料贴士

选购优质环保橱柜要注意哪些细节

选购橱柜，需要对其进行较为全面的了解，千万不要忽略那些“不用不知道”的小细节。

金属托架：橱柜台面易产生断裂需要注意的部位是水盆、灶台的开口处，如果橱柜使用金属柔性架构（使用的是轨道和锁卡的独特连接方式），稳固的金属托架就能够使台面均匀受力，从而不易断裂。

后背板：它可以避免板材直接暴露在空气中，实现防潮，并封住甲醛的出口。

防撞条铝前连接带：水池柜正面安装防撞条铝前连接带，就会减少柜门关闭时对柜体的冲击力，同时消除关门噪声，甚至还起到加固和承重作用。

抽屉防滑垫：在抽屉的底板处加上一层防滑垫，就可降低抽屉推拉时产生的噪声，抽屉底板也会得到较好的保护。

抽屉护栏及分隔架：能够增加抽屉盛放物品的容量，而且当物品摆放完毕后，开关抽屉时均不会倒。

只有注意了以上细节，才能使橱柜使用起来更方便。

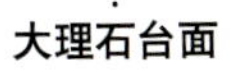

大理石台面　墙砖　文化砖饰面　彩色乳胶漆

大理石地面　墙砖　大理石台面　实木装饰立柱

磨砂玻璃

大理石台面

实木橱柜　　大理石台面

铝制卷帘　　墙砖

大理石台面　　烤漆橱柜

设计贴士

厨房适合摆放什么植物

厨房的油烟较大，空气比较污浊，因此，厨房适合摆放吊兰、绿萝等有净化空气、驱赶蚊虫功效的植物，是厨房和冰箱上放置植物的理想选择。还可以根据厨房的方位来选择合适的植物，比如：

1. 南向的厨房适合摆放观叶植物，因为南向的厨房能够得到充足的光照，有利于植物进行光合作用，观叶植物的叶子会更绿。

2. 东向的厨房适合摆放红花，因为东向能够得到部分光照，既能满足红花光照需要，又不至于因光线过于强烈而使花过早枯萎。

3. 西向的厨房适合摆放金黄色的花、水仙及三色紫罗兰等，在落日余晖的映照下，会使植物更加美丽，也能增加厨房的温馨。

4. 北向的厨房适合摆放粉红、橙色的花，可为室内增添活力。

墙砖　　铝扣板吊顶

聚酯玻璃　　彩色乳胶漆

实木橱柜　　亚光面地砖

实木装饰立柱　　胡桃木

环保知识

引发一氧化碳中毒的因素有哪些

1. 全封闭整体橱柜：部分家庭在装修厨房与卫生间时，为了装修后的效果能够更好，往往将燃气管道、燃气表等封闭起来。但是，由于包封隐蔽，当燃气发生泄漏时便很难及时发觉，从而易发生一氧化碳中毒，甚至起火爆炸。

2. 开放式厨房：有些家庭喜欢厨房宽敞，因此，往往在装修时将厨房改造成开放式厨房，但是，这也很容易留下燃气污染和一氧化碳泄漏危害的隐患。因为开放式厨房没有隔断，一旦一氧化碳泄漏，就会直接扩散到客厅与卧室，引发中毒。

3. 改变厨房功能：有的人在装修房屋时，往往改变厨房的位置与功能。但是，原有的燃气管依然在房间内，如果将厨房改造成卧室，就很容易发生因管道泄漏而出现的一氧化碳中毒。

4. 阳台通风难：一些家庭阳台在封闭时，忽视了室内的排风与通风，特别是安装了燃气热水器，热水器排放出来的废气无法及时散发出去，就容易在使用过程中出现一氧化碳中毒。

大理石台面

大理石台面　　装饰壁纸

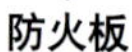

防火板

实木橱柜　艺术墙砖腰线

复合木地板　大理石台面

艺术墙砖　烤漆橱柜

环保知识

如何预防家庭装修一氧化碳中毒

专家指出，预防家庭装修一氧化碳中毒的方法有以下几个：

1. 装修改造燃气设施时一定要经过燃气管理部门的同意，并由专业人员进行操作施工，而且，燃气管道穿墙必须使用金属管，燃气器具的连接胶管长度不能超过 1m。

2. 厨房装修尽量不要封闭燃气设施，更不能封闭燃气取暖炉。如果必须封闭，应该采用容易开启的装置，以便于检修和维护。

3. 装修时如果想要改变房间格局，必须考虑安全因素，不要把厨房改变成为卧室，也不要把燃气器具的排烟道封闭在阳台内。

4. 选择符合国家标准的燃气器具，并由有资质的单位与专业人员进行安装。严禁在卫生间安装燃气热水器，安装燃气热水器的房间通风要好。

5. 厨房要有通风设施，特别是封闭房间内的厨房，更应该安装效果好的通风设施，同时注意厨房与其他房间门的密封。

6. 装修过程中尽量不要在装修现场使用燃气炉，必须使用时要注意灶具的质量。

卫生间

魅力无限的卫浴空间设计

每天都会与卫浴空间打交道，作为居家装修必不可缺的一部分，绿色环保的卫浴装修风格越来越显示出独特的魅力。卫生间是多样设备和多种功能聚合的家庭公共空间，又是私密性要求较高的空间。它所包含的基本设备有洗脸盆、浴盆、淋浴喷头、抽水马桶等，在选材和装饰时必须注意健康环保，健康和节水是卫浴装修多年来的一个主题。卫生间的格局应在符合人体工程学的前提下充分利用有限的空间，使其能最大限度地满足每位家庭成员需求。

防滑地砖　装饰画

防滑地垫　马赛克拼花

钢化玻璃　艺术玻璃

材料贴士

如何选择卫生间的防水材料

卫生间的防水工程是一个相对隐蔽的工程，一些家庭往往错误地认为卫生间的防水工程面积不是很大，用了防水材料后还会在上面用水泥和瓷砖，不会造成污染。其实不然，室内装修的防水层一定要达到一个相对的厚度才能具有防水功能。因此，材料的使用量相对较大，一旦使用了劣质防水材料就会长时间地污染室内环境。另外，一些含有焦油的聚氨酯类防水材料焦油气的分子量非常大，且易挥发，容易在室内沉积，过量吸入这种气体，短时间内就会致人死亡。因此，挑选防水材料切不可掉以轻心。防水材料种类很多，目前市场上销售的防水材料大致可以分为几种：一种是改性沥青防水材料，这种涂料多配合玻璃丝布使用，工程相对复杂。此外，还有聚氨酯类防水材料、硅橡胶类防水材料，以及水泥基聚合物复合防水材料等。目前国内市场有能力生产以上产品的厂家很多，消费者选择时一定要认准厂家。在选择防水材料时应掌握一些基本常识，目前建材市场管理不规范，市面上有很多伪劣产品，有条件的消费者在购买时应选择相对知名的品牌。真正的环保防水材料应有国家认可的检测中心核发的产品检测报告和产品合格证。消费者在选购防水材料时，还应留意产品包装上所注明的产地。进口产品的包装上产地一栏会详细地注明公司名称，而假冒产品则一般只注有出口地，不会涉及生产公司。另外，购买防水材料时应留意厂家的服务措施。一般正规的厂家在销售产品时都会有相对规范的售前、售中和售后服务，一些知名品牌还会承诺免费维修和长时间的防水质保期。如果厂家不能提供相对完善的服务，建议消费者另行选择产品。

防滑地砖　马赛克贴面

反光灯带　中空玻璃

仿古砖拼花　石膏上角线

胡桃木地角线　中空玻璃

设计贴士

卫生间应有通风换气设备以利健康

卫生间的通风一般采用自然通风和人工通风两种方式，人工通风可以在卫生间的吊顶、墙壁、窗户上安装排气扇，将污浊空气直接排到通风管道或室外以达到卫生间通风换气的目的。有的家庭装修时装了排气扇，便把窗户封死了，结果使用时很不方便。因为排气扇不会一直开，排除异味自然没问题，但不能保证卫生间的空气清新和干燥。开窗有很多好处，通风不受时间限制，有利于室内空气的交换，保持干燥，在夏天时，开窗还能降低室内的温度。

装饰画　马赛克贴面

马赛克贴面　艺术地毯

设计贴士

如何进行卫生间的无障碍设计

老人如厕、洗澡比较困难，这就要求有老人的家庭的卫生间具备移动便利性、使用安全性、器具易操作性。首先，为方便老人的出入，卫生间门口不应有地面高度差，选择外开式门方便轮椅进出。其次，在使用安全性方面，卫生间应选用防滑性能好的地砖和防滑垫，选择盆浴装置，浴缸中放置防滑垫，并保持地漏通畅，及时用干拖把和抹布擦干地面和水池。再次，目前市场上的升降马桶、开门浴缸、淋浴盘特设座椅等无障碍设施都为老人提供了便利。老人家中的卫生间少不了扶手：在卫生间入口设置扶手；浴缸要安装扶手；如果采用的是淋浴，也要在淋浴器旁边安装扶手。

艺术地毯　大理石台面

大理石贴面　艺术墙砖

钢化玻璃　马赛克贴面

马赛克贴面　布艺卷帘

镜面　防滑地砖

马赛克贴面　艺术腰线

材料贴士

卫生间地面宜选防滑材料

装修卫浴间时，防潮、防滑是关键。防滑地砖是卫浴间标志性的材料，除了普通的防滑砖、亚光面地砖之外，很多有凸起花纹的防滑地砖不错，这种地砖不仅有很好的防水性，且款式造型更加丰富。马赛克也是很多消费者钟情的卫生间地面材料之一，这种小碎砖不仅防滑而且具有极强的装饰作用。喜欢木地板的消费者在卫生间同样可以使用木地板，目前市面上推出的桑拿板是专为卫浴间设计的，出厂前经过专业的防水和防潮变形等技术处理，使用方便且防滑效果好。

装饰画　陶瓷洗面盆

镜面　艺术玻璃

陶瓷洗面盆　镜面

艺术墙砖　　马赛克贴面

镜面　　铝制卷帘

陶瓷面盆　　布艺卷帘

材料贴士

环保扣板有哪几种

家庭装修时，通常需要对卫生间和厨房的顶棚进行特殊的处理——扣棚，最常用的吊顶有PVC塑料扣板和铝合金扣板两种。

PVC塑料扣板，以PVC为原料，具有重量轻、安装简便、防水、防蛀虫、花色图案变化多、耐污染、好清洗等优点，而且成本较低，只是比金属扣板的使用寿命短一些。

铝合金扣板属于金属材质，质感和装饰感很强，但绝热、隔声性能较差，需要在进行吊顶装饰时内加玻璃棉、岩棉等保温吸声材料。

艺术瓷砖腰线　　镜面

木质搁板　　墙砖

铝制卷帘　墙砖

怎样选购扣板才利于环保

1. 扣板应尽量与墙面瓷砖同色系，在同色系中还应尽量选择颜色看上去更舒适的。

2. 扣板的选择需要考虑房间的净高，如果顶棚很低，为了让顶面的压抑感消失，可以选择更加明亮的颜色进行搭配。

3. 卫生间和厨房需要经常用水，顶棚容易受水蒸气影响，因此最好选用防水耐热的硅酸钙板材料，在表面涂以水泥漆，这样效果会比较好，也比较经济划算。此外，多彩铝板的耐水性比较强，表面还有隔热材料，是卫生间与厨房顶棚的理想用材。

4. 卫生间的顶棚适宜选择镂空花型，因为卫生间的层高在吊顶后会低很多，洗澡时的水蒸气向周围扩散，空间狭窄会使人感到憋闷。而镂空花型的顶棚会使水蒸气继续向上蒸发，同时又因为它薄薄的纸样隔离层而使上下空间的空气产生温差，水蒸气到达顶棚上面后会很快凝结成水滴，但不会滴落下来。

5. 厨房的顶棚则要选择平板型，因为厨房的油烟较大，平板型顶棚虽然也吸附油烟，但清洁起来比较容易。

马赛克贴面　镜面

镜面　艺术瓷砖腰线

陶瓷洗面盆　马赛克　墙砖

镜面　艺术墙砖腰线

防滑地砖　陶瓷洗面盆

马赛克贴面　纯毛地毯　陶瓷洗面盆

材料贴士

选购塑料扣板不可忽视哪些问题

目前，国内市场上的塑料扣板良莠不齐，优劣难辨，消费者在选购时应根据以下几点加以辨别：

1. 塑料扣板的壁厚不应少于0.7mm。

2. 外表应美观、平整、有光泽，无磕碰、划痕、鼓包等瑕疵。

3. 闻闻板材，有强烈刺激性气味的就是劣质板材，同时还应要求经销商出示其检验报告。

4. 取一段扣板，用两手抓住，分别向横向、纵向加以折弯，劣质板材很容易折断，质优的板材即使产生永久性变形也不会折断或崩裂。

5. 查看锯口及板内表面的粗糙程度，质量好的扣板，强度和韧性都好，板面和内筋等部位在锯断时不会出现崩口，并且锯口平齐，无毛刺、裂纹等现象。

6. 用手敲击板面，声音清脆者为优质产品。

7. 用指甲划印花面，如果出现划痕，说明保护印刷图案的上光膜不够硬，在以后的擦洗过程中容易划伤。

8. 查看检测报告，产品的性能指标应满足：氧指数大于35%，吸水率小于15%，吸湿率小于4%，热收缩率小于0.3%，软化温度在80℃以上，燃点在300℃以上。

9. 选择扣板时还要注意颜色应与居室整体效果配套，顶面的颜色略浅于地面颜色而与墙面颜色相同或稍浅。然后根据安装地点、个人爱好和整体效果等因素选择花色图案。

装饰吧壁纸　马赛克

设计贴士

卫生间适合摆放什么植物

卫生间是较为潮湿的地方，容易滋生许多细菌。因此，在卫生间适合摆放具有吸潮、杀菌功能的植物。一般来说，虎尾兰的叶子能够自动吸收空气中的水蒸气，以保证自身的水分，因此是卫生间的理想植物。此外，常春藤能够杀灭细菌，净化空气，而且还是耐阴植物，也适合放置在卫生间。蕨类、椒草类植物喜欢潮湿，摆放在浴缸边上是非常适合的。

陶瓷洗面盆　马赛克贴面

陶瓷洗面盆　装饰壁纸

镜面　铝制卷帘

防滑地砖　不锈钢洗面盆

纯毛地毯　木质格栅

铝制卷帘　黑色大理石饰面

陶瓷洗面盆　大理石饰面

陶瓷洗面盆　马赛克贴面

中空玻璃　艺术瓷砖腰线

卫生间不可无返水弯

返水弯又叫存水弯（trap, water−sealed joint），指的是在卫生器具内部或器具排水管段上设置的一种内有水封的配件。存水弯中会保留一定的水，将下水道下面的空气隔绝，防止臭气进入室内。存水弯分 S 型和 P 型，S 和 P 可以很形象地说明存水弯的形状。

陶瓷洗面盆　墙砖

陶瓷洗面盆　大理石饰面

马赛克贴面

陶瓷洗面盆

陶瓷洗面盆　红砖饰面

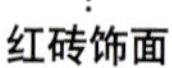

镜面　铝塑板吊顶

大理石饰面　陶瓷洗面盆

陶瓷洗面盆　钢化玻璃

艺术瓷砖腰线　陶瓷洗面盆

墙砖

设计贴士

下水管线可以改动吗

室内排水管道系统由排水横支管、排水立支管、排水管、地漏和存水弯等部分组成，其排水横支管的坡度、排水立支管的高度、排水管的位置等都是按照室内卫生洁具的实际需要经精确计算后合理预留的，如果自行改动下水管，比如，排水支管的长度或地漏的位置，必然影响排水管的坡度，很容易造成水流过缓，污水留存时间过长，从而产生异味，严重时造成堵塞。因此，在装修时尽量不要随意改动下水管道。

大理石地面　马赛克贴面

马赛克贴面　墙砖

环保知识

改动上水管线需注意哪些环保问题

1. 一般来说，上水管是可以改动的，但原则上只能改动分户总阀门的后面部分，而且，改动后的水表应便于查看。

2. 进行水路改造时，供水管线的走向一定要合理，不得交叉、斜走。如果走暗管，布管不能破坏原有的防水层，墙体内也应尽量少用连接配件。

3. 如果想将水管改到墙里（入墙式管道），使用的管道质量必须绝对过关，最好选用大厂家的名牌产品，并注意查看合格证。

4. 要事先想好与水有关的所有设备（净水器、热水器等）的位置和安装方式，以免管线走得不"实用"。

5. 卫生间除了给洗手盆、马桶、洗衣机等用水设备留出水口外，最好多接出来一个，以便接水拖地时使用。

6. 更改管路之后，必须对改动后的管路进行试水，特别是入墙式管路，不但需要试水，还应该进行压力试验，试验无问题后再进行墙面修复。

艺术墙砖

深咖啡网纹大理石　艺术玻璃

钢化玻璃　墙砖

实木浴室柜　墙砖

装饰画　墙砖

艺术墙砖　防腐地板

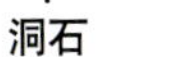

洞石　米黄大理石

铝制卷帘

陶瓷洗面盆　艺术墙砖

大理石台面　马赛克贴面

纯毛地毯　墙砖

材料贴士

上水管容易滋生细菌吗

家庭装修的时候，很多业主都会忽视给水管材的选择，结果，入住后便出现了很多问题，比如，水管漏水破坏了装修、水压不足、水质始终不好，等等。所以，在进行家庭装修前一定要选购优质的上水管。

购买给水管材的时候，首先要注意它的卫生性能，必须考虑到人们对它的健康需求。因为水的洁净程度在一定程度上是取决于管道对水质影响的。其次，要注意管道是否具有抵御外界空气中的氧气向管壁内渗透的影响。如果管道长期受氧渗透，那么它的内部就容易滋生细菌，从而污染水质。

釉面砖　艺术瓷砖腰线

钢化玻璃　装饰壁纸

马赛克贴面　鹅卵石

钢化玻璃　镜面

镜面　亚光面地砖　大理石饰面

亚光面地砖　铝制卷帘

镜面　　胡桃木垭口

马赛克贴面　　镜面

成品实木雕刻　　防滑地砖

材料贴士

什么样的上水管是优质环保的

专家指出，目前，市场上常见的上水管主要有以下几种材料——铁管、塑料管、铝塑管、PE管、PP-R管、铜管等，消费者可根据自己的实际需要加以选择：

铁管容易生锈，塑料管材的透氧和透光现象都比较严重，所以这两种管材都不适合家庭中使用。

铝塑管是用高密度聚乙烯夹铝制作而成的，具有耐高温、隔光和隔氧的功能，比较适合家庭使用。

PE管的材料结构简单，膨胀系数大，性能相对铝塑管要差一些。

PP-R管由聚丙烯构成，耐高温性能差、膨胀系数大，而且采用热熔式连接工艺，对接时容易产生堆料，影响管道长期性能，不适合用于家庭热水管路的安装。

铜管坚固耐用，热膨胀率小，特别适于嵌入墙中，不必担心在墙壁中开裂，只是铜管的价格要贵很多。

散热器　　陶瓷浴缸

文化石贴面　大理石台面

大理石饰面　马赛克贴面

环保知识

如何消除卫生间异味

1. 保证地漏灌满水：目前市场上的防臭地漏主要由上盖、地漏体和漂浮盖三件组成，其中漂浮盖有水时可随水在地漏体内上下浮动，无水或水少时将下水管盖死，防止臭味从下水管中返到室内。虽然漂浮盖可将下水管盖上，但是为了达到更好的效果，需保持地漏中水封层的深度，因此使用时应该灌满水，保持液面的深度。

2. 及时疏通管道：如果不注意对水槽、洗手盆、浴室柜、浴缸和地漏的排水口进行清洁，使脏物长期附着在排水口，造成排水口甚至管道的污染和堵塞，也会使卫生间散发出异味。清除排水口的污垢比较简单，但是要清除附着在管壁上的脏物却不是那么容易，可使用各大建材超市销售的管道清洁剂。如果管道出现严重堵塞，最好请物业使用专业的管道清洁机来进行疏通管道。需要提醒的是，清洁后要对卫浴设备进行消毒处理。

3. 管道连接处应密封：密封下水管连接部分、洗手池下水管和厨房下水管与下水道的连接处，这些细节如果没有严格的密封会成为下水道臭味进入室内的通道。由于下水接口处都在比较隐蔽的地方，装修完工验收时容易忽视，应该引起业主的注意。

墙砖

马赛克贴面　陶瓷洗面盆